大河之洲

《大河之洲》编委会 编

山东画报出版社
济南

图书在版编目（CIP）数据

大河之洲 /《大河之洲》编委会编.—济南: 山东画报出版社, 2024.5
ISBN 978-7-5474-4543-3

Ⅰ. ①大… Ⅱ. ①大… Ⅲ. ①黄河－河口－生态环境－图集 Ⅳ. ①X321.252-64

中国国家版本馆CIP数据核字(2023)第167804号

DAHE ZHIZHOU
大河之洲
《大河之洲》编委会 编

责任编辑 陈先云
装帧设计 王　芳

出 版 人 张晓东
主管单位 山东出版传媒股份有限公司
出版发行 山东画报出版社
　　　　　社　　址　济南市市中区舜耕路517号　邮编 250003
　　　　　电　　话　总编室（0531）82098472
　　　　　　　　　　市场部（0531）82098479
　　　　　网　　址　http://www.hbcbs.com.cn
　　　　　电子信箱　hbcb@sdpress.com.cn
印　　刷 山东临沂新华印刷物流集团有限责任公司
规　　格 185毫米×260毫米　16开
　　　　　10.5印张　122幅图　150千字
版　　次 2024年5月第1版
印　　次 2024年5月第1次印刷
书　　号 ISBN 978-7-5474-4543-3
定　　价 128.00元

如有印装质量问题，请与出版社总编室联系更换。

前　言

人与自然和谐共生，是中国文化的重要特征。党的十八大以来，以习近平同志为核心的党中央以前所未有的力度抓生态文明建设，推动生态环境保护，生态环境发生历史性、转折性、全局性变化。山东深入贯彻习近平生态文明思想，把生态文明建设摆在突出位置，纵深推进黄河流域生态保护和高质量发展，生态环境质量显著改善，美丽山东建设迈出坚实步伐。如今的山东，"绿水青山就是金山银山"的理念深入人心，优良的生态环境正成为山东的亮丽底色，一幅人与自然和谐共生的生态画卷在齐鲁大地徐徐展开。

2022 年 10 月，党的二十大胜利召开，由山东省委宣传部指导、山东广播电视台和东营市委宣传部联合出品的纪录片《大河之洲》在山东卫视晚黄金时段播出。《大河之洲》第一次用自然纪录片的形式，交出了习近平总书记指出的要保护黄河三角洲生物多样性的时代答卷。依托黄河三角洲独一无二的资源禀赋，纪录片从生物多样性、生态保护和高质量发展三个角度切入，展现了黄河三角洲的自然之美、人文之美，全面讲述这片年轻土地上万物生灵的动人故事，全景式呈现了黄河三角洲人与自然和谐共生的壮美画卷。

《大河之洲》是运用国际化的表现方式来讲述中国故事的成功尝试。用共通共情的表达进行跨文化传播，运用国内外观众都能理解的镜头语言和表达方式来呈现故事，是这部纪录片的独到之处，也是它的传播价值所在。《大河之洲》的成功出圈，以及由此引发的国内外的反响与关注，让我们有理由相信，把纪录片《大河之洲》的丰富内容编纂成书，推出纪录片的图书版，很有现实意义。图书在纪录片的基础上，不仅充实丰富了文字，而且增加了拍摄黄河三角洲多年的摄影师的摄影作品，图片和文字互相辉映，让黄河三角洲之美以图文并茂的形式展现。它将会进一步增进公众对黄河三角洲的认知，唤起公众热爱自然、保护自然、促进人与自然和谐相处的意识，展现好新时代中国形象，讲好中国故事。

如何守护万物生灵共同的家园？

如何拥有更好的生存空间？

如何长久地与伟大的山河共存，与更美好的明天共存？

让我们一起走进大河之洲，去感受河的奔涌、海的辽阔、生灵的跃动、人与自然的美好空灵。

目　录

1

第二章　家园：陆与海欢歌

第三章　传奇：盐与碱相逢

第四章 和合：人与洲相拥

赵文昌摄

第一章

生灵：鸟与梦飞翔

黄河三角洲，这里有黄河入海时蓝黄交汇的秘境，有春去冬来时万鸟归洲的盛景。数百万只鸟儿历尽万水千山，来到这片暖温带上最年轻、最广阔、最完整的湿地上。

在三角洲，每年，如约而至的候鸟种类近 400 种，达数百万只。于是，总有如此奇观在上演：黄蓝交汇处，万鸟翔集，共赴河海。

东方白鹳：居高悠远瞰繁华

  这是一种名字极具"国潮"风范的鸟儿，拥有武侠小说主人公般高冷、神秘的复姓——东方。它的数量曾极为稀少，一度被誉为"鸟中国宝"。如今，在黄河三角洲，它的种群日益壮大，这里已是其全球最大的繁殖地；与此同时，它的亲和力也与日俱增，甚至已站成城市主人的姿态，俯瞰城市的繁华。

东方白鹳从鄱阳湖返回黄河入海口。赵文昌摄

黄河入海口湿地上栖息的东方白鹳。赵文昌摄

远方的来客

2 月的清晨，湿地笼罩在一片薄雾中。黄河北岸，一对年轻的东方白鹳夫妻早早赶回巢穴。在这里，它们要完成这个春天里的人生大事。这是一位勤劳、灵巧的丈夫，整整一个上午，它一刻不停地用心地打造着这个坚固温暖的家。东方白鹳有着惊人的营巢能力。它们可以在一周之内，搭建完成一个新巢，对巢穴的修缮也将持续整个繁殖季。

每年 2 月，成群结队的东方白鹳从越冬地江西鄱阳湖返回这里。2005 年以来，黄河三角洲累计繁育东方白鹳 2700 多只。21 世纪初，东方白鹳全球野生种群数量不足 3000 只，如今已超过 1 万只。成年东方白鹳双翅展开超过 2 米，寿命可达 40 年。3 岁后，它们就可以恋爱结婚，繁育后代。

新家已见雏形，夫妻俩心情愉悦。东方白鹳没有鸣管，只能通过击喙表达情绪。

3 月初，东方白鹳夫妻迎来了爱情的结晶——5 枚卵。新生命需要 30 天左右才能破壳而出。孵化期间，需要将卵保持在 37 摄氏度的合适温度。成鸟一刻都不能放松，每隔一两个小时，还要起身翻卵、晾晒。对于父母来说，这是一段幸福但无比煎熬的历程。夫妻俩很有默契，一个小时左右换一次班。

春天里，东方白鹳搭建新巢。黄高潮摄

在黄河三角洲越冬栖息的东方白鹳。黄高潮摄

艰难的哺育

考验仍在继续。初春，黄河口的天气变化无常，一场"倒春寒"突如其来，气温迅速降至零摄氏度以下。风雪交加，巢内的雌鸟一动不动，它要让孩子们感到温暖。这又将是一个无比煎熬的夜晚。

雪后初霁，空气清冷。熬过了风雪的夫妻俩异常高兴，它们的第一个孩子顺利出壳了。辛苦的孵化，父母的体力已经有些透支，顺利出壳的小雏鸟是对它们最大的褒奖。接下来的几天，5只雏鸟都顺利出壳。对于东方白鹳来说，这已经算是小小的奇迹。父母要打起精神，更艰难的育雏开始了。

东方白鹳没有嗉囊，它只能把捕获的食物暂存于食道，经过反刍吐给孩子。父母带回的食物，每只小鹳都要奋力争抢。这只小鹳抢到一条小鱼，但对它来说太大了，即将完成吞咽的时候，它噎住了。即便母亲来帮忙，它也绝不松口。生存的本能驱使它们不会放过任何一次进食的机会。

在黄河三角洲，体型庞大、习惯于高处建巢的东方白鹳几乎没有天敌。此刻，同胞的兄弟姐妹就是最大的对手。强壮的雏鸟总能占得先机，而最后孵化出的两只雏鸟有些力不从心，日渐消瘦。面对孩子们的竞争，夫妻俩没有干涉，它们更加频繁地往返于觅食地和巢穴之间，希望能带回更多的食物。5只小雏鸟嗷嗷待哺，夫妻俩只能更加努力。

对巢穴的修缮持续整个繁殖季。黄高潮摄

东方白鹳展翅飞舞时姿态极其优美，宛若在冰上跳芭蕾。黄高潮摄

黄河北岸，东方白鹳雏鸟已经出生10天了，为了给孩子们充足的食物，父母每天都竭尽全力。4月温暖的阳光洒落在巢内，3只小鹳惬意地伸着懒腰。在它们身旁，2只体弱的小鹳却再也无法感受阳光的温度。再努力的父母总有无能为力的一刻。纵然不舍，母亲还是将夭亡的孩子抛出巢外。整理好哀伤，母亲再次振翅起飞，它要带回更多的食物。

巢内，生存的竞争还在继续。出生五周，雏鸟已出落成"少年"，巢穴变得拥挤不堪。雏鸟披上了白色的绒羽，黑色的初级飞羽正在长出。瘦弱的双腿已经可以支撑它们短暂地站立。此时的雏鸟食量惊人，每天需要吃掉至少1千克新鲜的鱼类，每次父母带回的食物瞬间都会被争抢一空。

一天，父亲为孩子带来一条大鱼。雏鸟们使出浑身的力气，用力撕扯，毫不退让。无奈之下，父亲只好吐出属于自己的那份食物，才结束了这场纷争。这一段时间，夫妻俩轮番外出觅食，很少见面。今天，难得清闲，一家人一起，享受着静谧的午后时光。

一个多月的辛劳，夫妻俩清瘦了许多，雪白的羽毛失去了往日的光泽。但让它们欣慰的是，小雏鸟长大了。为人父母的幸福，总是和孩子相关。

一池星河，劳累一天的父母终于可以和孩子一起安然入梦。

盛夏的果实

盛夏，黄河流域进入雨季，中游的小浪底水库"调水调沙"开启，洪峰裹挟着巨量泥沙，如约抵达黄河口。新生土地不断生长，湿地也迎来了补水。黄河的滋养让夏天的活力彻底释放。在湿地和周边地区，天籁不绝于耳，新生的湿地渐渐露出自己的容颜。

此时，黄河北岸的东方白鹳三兄弟还在巢内练习飞翔。两个月大的东方白鹳雏鸟绒羽逐渐替换为正羽，翼展已达一米半，体型与成鸟非常接近。它们终将属于天空。此后，它们的父母会有意减少回巢时间，要让孩子们有更多独立的空间。

湿地的夏天，碧波荡漾，水草依依，是飞翔的时候了。体型较大的雏鸟率先来到巢边，开始勇敢地尝试。它从巢中一跃而下。虽然只是一小段距离，却是它生命中第一次体验进入天空的感觉。很快，老二、老三紧随其后。在孩子两个月大的时候，父母终于等来了孩子们第一次飞翔。

从此之后，父母和三只小鹳不再回巢。这个让一家人感到安全温暖的家完成了今年的使命。可是，父母的使命没有结束，它们还将带领孩子们练习捕食，直至迁徙。虽然初出茅庐，但是翱翔天际的旅程马上开始。冬天来临，大部分候鸟已完成繁育，再次迁徙，黄河三角洲重新归于平静。

东方白鹳雏鸟初长成。黄高潮摄

东方白鹳"一家人"。黄高潮摄

塔顶的家园

　　电力工人们正在小心翼翼地攀爬带电的高压电塔，到 40 多米的塔头时，被感应电电得像针扎一般。如此这般，是为了把一种直径超过两米、重量达到几十斤重的特殊"设备"，安装在电塔的四根支架上。这个"设备"，就是人类为他们的特殊朋友东方白鹳准备的人工鸟巢。

　　近年来，在黄河三角洲安家的东方白鹳每年能孵化 100 多巢。很显然，树木已无法满足它们的建巢需要。在保护区，人们已建立了 100 余个人工鸟巢。自 2013 年开始，东营市进行"招鸟进城"湿地建设，东方白鹳逐渐离开保护区，来到了人类居住的家园，成为这座城市的市鸟。这些几十米高的电塔，是它们为自己找的新家。变的是栖居的环境，不变的是栖居的高度与恬然的心境，来到人类的家园，它们依旧择高而居，悠然俯瞰众生，远眺城市繁华。

　　新邻居的到来，让电力人头疼不已。它们的水状粪便，如果落到带电的导线周围，就可能引发跳闸，造成经济、社会的重大损失。电力系统

人工鸟巢安装现场。李恒发摄

人工鸟巢安装现场。李恒发摄

在人工鸟巢安心孵化的东方白鹳。选自纪录片《大河之洲》

统计了近十年来鸟害跳闸所占的比例，竟达到跳闸总体比例的 70%以上。自 2019 年，他们耗资几千万元，在东营市万级杆塔上安装了各种防护措施，但仍不能彻底解决这个问题。于是，他们想到了"人工鸟巢"。

"人工鸟巢"源自电力人的一次偶然为之。2020 年，一窝东方白鹳宝宝出生在电塔上的鸟巢中。这对电力安全来说是个巨大的考验，电力人不得不把它们移到了一个安全地带。结果皆大欢喜，东方白鹳一家一直住在新家，直到孩子们长大离开。从此，安装人工鸟巢成了电力工人的日常工作。

在 40 多米的高塔上忙碌一个多小时后，电力工人们终于把人工鸟巢安装完毕。除此之外，他们还有一个更加艰巨的任务——要把一个巨大的鸟巢移到新的鸟窝中。为了吸引东方白鹳入住，电力工人照着原来的样子，在窝的最下层垫上粗树枝，中间铺上厚厚的垫土，最上层则铺上软草，如此这般，把所有"建筑材料"原封不动地移动到他们为其营造的新家里。

让人倍感遗憾的是，几天之后，在离人工鸟巢不远的电塔上，东方白鹳又自己选择了新家，开始繁衍生息。

电力人的辛苦努力化为泡影，但研究还在继续，他们正在埋头设计第四代能让东方白鹳入住的人工鸟巢。

丹顶鹤：傲雪凌霜画中立

在天寒地冻的黄河三角洲，在磅礴壮阔的河海之地，它们身披霜雪，或凌空飞翔舞蹁跹，或立于荒野傲群霜，以一副仙子的姿态，刻画出一幅傲雪凌霜的绝美风景。

翩翩起舞的丹顶鹤。黄高潮摄

候鸟的留驻

"晴空一鹤排云上，便引诗情到碧霄。"诗行中的仙鹤，指自然界中的丹顶鹤。丹顶鹤，在文化语境中，它是吉祥的符号、诗意的存在，在自然界中，它是濒危野生动物。"环境好不好，鸟儿最知道。"丹顶鹤对生态要求极高，1987年，人们曾于黄河三角洲发现了7只于此过冬的野生丹顶鹤。随着黄河三角洲生态环境的持续向好，至2022年，丹顶鹤的数量已达300只。

鸟类的世界，总有人在仰望、在追寻。两位来自生命科学院的研究生，追随着丹顶鹤迁徙的脚步，从遥远的东北来到了黄河三角洲。在冰上，她们惊喜地发现了一串脚印，还有一坨疑似丹顶鹤的粪便。顾不上冰裂的危险，她们伏在冰上仔细取样。在她们看来，这是丹顶鹤的基因密码，通过它能揭示丹顶鹤的饮食结构。

到黄河口越冬的丹顶鹤。赵文昌摄

黄河口的丹顶鹤。黄高潮摄

让人意外的是，主要以螃蟹为食的丹顶鹤，竟然也喜欢吃稻米。一群丹顶鹤齐齐地来到了一片稻田，数量有二十五六只。它们有很强的领地意识，为了让妻儿安心吃饭，雄鹤负责警戒并驱赶越界者。不过，此处食物的丰富性，让它们放低警惕，逐渐友好相处。

有一只小腿骨折、身形屠弱的鹤格外引人注目。它的旁边，站着两位家人：一只五六个月大的小鹤，一只从体形上看似乎是它的丈夫。这只受伤的鹤是被野兽攻击，还是因撞击意外受伤？已无从得知。丹顶鹤遵循着一夫一妻制，寿命可达五六十岁，如果妻子不幸离开，公鹤将如何度过以后的岁月？

黄河三角洲最冷的时节到来了，丹顶鹤不再到稻田里觅食。在广阔的滩涂上，它们用坚硬的喙，一点点寻找着埋藏在冻土下面的食物。每年1月15日，中国动物学会都会联合全国的调查者，一起统计越冬鹤类的数量。2021年统计的数字：全国共400多只，黄河三角洲有100多只；2022年1月份，黄河三角洲已达300多只。

春天的复苏

在黄河三角洲国家级自然保护区鸟类科普乐园内，生活着一群丹顶鹤。它们有的是从野外救助而来，有的是通过人工繁育在这里出生的。

自 2016 年，黄河三角洲国家级自然保护区已人工繁育 19 只丹顶鹤。2022 年，又有 8 对丹顶鹤夫妇担当起兴旺种群的重任。在人类帮助下扩大种群，是避免珍稀物种灭绝的重要手段。然而，这并不是件容易的事。一只断了喙的丹顶鹤来这里已有几年了，一直是单身。又到繁殖季，鸟类驯养师再次给它创造相亲的机会。

为了给它们找到一块安全、安静而又舒适的繁殖地，鸟类驯养师一次次蹚着冰冷的水四处跋涉。丹顶鹤外表白羽翩翩、超凡脱俗、飘逸雅致，实则性情凶猛、脾气暴躁、攻击性强。丹顶鹤的新笼舍已建好了，鸟类驯养师要把这些厉害的大鸟送到它们的新家。其中，有两只走得不情不愿。

鸟类的行为，就像黄河三角洲上密实的芦苇丛一样，经常让人摸不着头脑。只有在清晨太阳升起前后，人们才能观察到它们隐秘的"春天"。终于有了爱情的结晶，母鹤开始产卵时，公鹤比以往要凶猛许多。母鹤刚产下了一枚卵，能不能再下第二枚，还是个未知数。

驯养师四处跋涉，为丹顶鹤寻找理想的野外繁殖地。选自纪录片《大河之洲》

驯养师将丹顶鹤送往野外它们的新家。选自纪录片《大河之洲》

科普园内的丹顶鹤在享用新鲜的小鱼和螃蟹

科普园内的母鹤生下两枚卵

经过三十多天的孵育，小丹顶鹤破壳而出

它们出生五六个月后，就要跟随父母长途迁徙

自冬天开始，驯养师每天早晨都去买新鲜的小鱼和螃蟹，希望给它们补充足够的钙质。两天后，母鹤终于产下了第二枚卵。再过三十天左右，丹顶鹤的小宝宝就要出生了。

　　繁育社里的丹顶鹤终于开始破壳了。一天过去了，小丹顶鹤依然没能从壳中孵化出来。一个笼子里，父母虽然焦急，但还是耐心地等待着；另外一个笼子里，第一次当母亲的母鹤忽然把自己的卵踩碎了，之后把它啄出来，小心地试探着看小鹤是否还活着。虽然小鹤已经渐渐停止了挣扎，母鹤还是把它护在了身下。

　　这一年，共有十三只小丹顶鹤在鸟类科普乐园存活了下来。刚刚出生几个小时，小丹顶鹤们就想站起来看看这个世界。在野外，它们出生五六个月后，就要跟随父母长途迁徙。迅速适应环境、掌握生存本领，是它们刻在骨子里的本能。

执着地寻找

  每年二三月份，来这里越冬的丹顶鹤就会离开黄河三角洲。基于此，大家不免认为，这里或许并不是它们心仪的繁殖地。但负责鸟类监测的工作人员却笃信，这里的环境越来越吸引丹顶鹤。在黄河三角洲广袤的旷野中，他们一定能找到野生繁育的丹顶鹤。这种信心，来自黄河三角洲生态环境的日趋变好，也来自他们多年观察积累的经验。

  凌晨四点多，工作人员就动身去寻找野外繁殖的丹顶鹤。像这样的清晨，他们无数次行走在黄河岸边的滩涂上，行走在密不透风的茂密芦苇丛中，满怀希望地寻找。一路上，没有惠风和畅，甚至没有手机信号，只有扑面而来的硕大蚊子。但他们坚定地认为、更执着地相信，丹顶鹤适合在芦苇、沼泽这样的环境里繁殖。

  终有一天，无人机实时传回的画面让大家兴奋不已——丹顶鹤夫妇以及窝里的雏鸟们正悠然地享受着清晨的美好——让那个清晨变得格外有意义。这是人们首次拍到在黄河三角洲野外繁育的丹顶鹤。

  这个春天，他们先后找到了四只在野外生活的丹顶鹤家庭。"环境好不好，鸟儿最知道。"能适合丹顶鹤繁殖的地方，生态环境一定是好的。在众人的齐心协力下，湿地的生态正变得越来越好。

驯养师坚信丹顶鹤适合生活在芦苇、沼泽地。选自纪录片《大河之洲》

驯养师四处寻找野外繁殖的丹顶鹤。选自纪录片《大河之洲》

在野外，驯养师惊喜地发现了丹顶鹤妈妈和它的孩子们。选自纪录片《大河之洲》

黑嘴鸥：黄河故道是归乡

　　鸟儿是大自然的精灵，携带着比人类更为久远的生命信息和自然密码，也天生携带着对自然环境最为敏锐的感觉和判断系统。黑嘴鸥——人类发现最晚的一种鸥鸟，它是环境质量的重要指示物种。每年夏天，近万只黑嘴鸥会从南方来到黄河故道——刁口河筑巢、栖息。

黄河故道黑嘴鸥繁殖地，这里是黑嘴鸥的理想家园。黄高潮摄

故道旁边的滩涂，就是远道而来的黑嘴鸥精心选定的巢穴，不远处的潮间带是它们的"食堂"。初夏，炽热的阳光让滩涂上的盐地碱蓬分外妖娆，这为雏鸟的孵化提供了必需的温度。一只雏鸟正在破壳。先前用喙在蛋壳上戳开的小洞已经开裂，它正在极力挣脱蛋壳的束缚。只有独立出壳的雏鸟，才有可能在危险重重的世界中生存下来。

　　黑嘴鸥雏鸟从破壳到出壳一般需要3个小时。在蛋壳里发育生长20天后，小生命正在为最后一刻积蓄能量。终于成功了。出壳2小时后，这只黑嘴鸥宝宝便离开了巢穴。它对新世界实在太好奇了。黑嘴鸥属于半早成鸟，出生的当天即可离巢。

　　随着雏鸟的陆续出壳，四处走动的雏鸟，让原本和睦的邻里关系有了变化。和煦的阳光下，一只黑嘴鸥母亲正带着两个孩子玩耍。邻居突如其来的攻击，吓得雏鸟掉头就跑。慌乱之中，它与母亲走散了。从缠斗中脱身的母亲，发现孩子不见了，很着急，不断召唤着孩子。

　　迷茫的雏鸟，好像听到了母亲的声音。它四下寻找，仿佛看到了母亲的影子，飞奔过去。但这次错误的判断，给它带来了巨大的危险。

远处的母亲依然在焦急地呼唤，慌不择路的雏鸟又贸然闯入了另一个家庭，受到陌生成鸟接连不断地暴击，雏鸟有些招架不住。

天色渐晚，黑嘴鸥母亲仍然在等待自己的孩子。此时的雏鸟依旧没有从噩梦中解脱出来。天黑前找不到父母，它很有可能就会死去。饱受轮番打击之后，它终于摆脱了困境，飞奔着冲到母亲身边。夕阳下，这是最美的重逢。它是幸运的，有太多黑嘴鸥雏鸟倒在了出生后的第一天。

镜头定格了这样生动鲜活的鸟类生活画卷，也定格了黄河三角洲的巨大变迁。刁口河，在地图上另一个名字是"黄河故道"。1976年之前，黄河从这里入海。1976年，黄河入海口改道，刁口河河道逐渐被淹没而废弃。由于失去泥沙供给，受海水侵蚀影响，刁口河河口附近海岸线蚀退严重，淡水湿地不断萎缩，生物多样性曾一度受到严重破坏。后来，刁口河河道恢复过水，黄河故道重又生机勃勃。

每年之所以有大量的黑嘴鸥远道而来，于黄河故道哺育雏鸟、繁衍生息，是因为保护区实施了全球性濒危物种——黑嘴鸥繁殖地保护工程。2013年黑嘴鸥首次在此成群栖息繁殖后，便成了这里的"常客"。如今，黄河三角洲已成为全球第二大黑嘴鸥繁殖地。

黑嘴鸥属于半早成鸟，出生的当天即可离巢。赵文昌摄

黑嘴鸥母亲正在喂养出生不久的宝宝。选自纪录片《大河之洲》

迷路回来的黑嘴鸥宝宝给父母诉说着遭遇的惊险。选自纪录片《大河之洲》

黑嘴鸥妈妈带领宝宝们玩耍时警惕着周围的环境。赵文昌摄

花脸鸭：万鸟翔集状若锦

　　傍晚时分，成千上万只鸟儿，从黄河南飞往黄河北，漫天卷地从天空掠过，场面极其震撼。这群鸟儿极为神秘，来自黄河三角洲国家级自然保护区的科研监测人员，在黄河边搜寻了一个月后，才得以知晓它们的神秘身份。

成千上万的鸟儿在黄河口上空自由翱翔，黄河三角洲国家级自然保护区的科研监测人员经过跟踪调研，确认它们是花脸鸭。黄高潮摄

黄河三角洲上的一场初雪，让人和鸟儿都猝不及防。大雪过后，人们边走边查看，倒伏的水稻上一个粒都没剩，只剩下零星的鸟毛。这片庄稼地，成了鸟儿们的宴会场。黄河三角洲，被誉为"鸟类的中转站"。无论是短暂停留，还是安家过冬，长途跋涉之后，鸟儿们都会于此处先饱餐一顿。种在黄河三角洲国家级自然保护区划定和建设多年的鸟类补食区里的稻米，鸟类可以随时享用。除此之外，人们在收割时还要留下一部分，帮它们度过寒冬。留在田地中的米粒，对天寒地冻、觅食越来越困难的它们来说，无异于雪中送炭。

这群神秘的鸟儿，数量巨大、昼伏夜出，保护区的科研监测人员在黄河边搜寻了1个多月，终于找到了那群鸟儿的踪迹。它们的数量有4万多只，主要是花脸鸭，也有少量的绿头鸭和针尾鸭。这么大的种群数量，在保护区是第一次发现、第一次记录到。花脸鸭是东亚特有的一种鸟类，公鸭的"扮相"极具东方元素，酷似京剧花脸脸谱，并因此得名"花脸鸭"，是国家二级保护动物。

伴随着声声脆鸣，一行鸟儿振翅高飞，翱翔蓝天。这样的画面，是黄河三角洲国家级自然保护区司空见惯的风景。30年前，这里仅是一个非常偏僻的地方国营林场，荒草丛生，漫天飞沙。1992年，黄河三角洲国家级自然保护区经国务院批准建立，这是以黄河口新生湿地生态系统和濒危珍稀鸟类为主要保护对象的自然保护区，呵护着我国暖温带最广阔、最完整、最年轻的湿地生态系统。除了实施生态补水、修复湿地，保护区结合自身环境特点，建立了鸟类繁殖岛、鱼类栖息地，满足关键物种觅食、繁殖的需求。2022年，保护区在黄河口湿地开启了为期一年的鸟类调查。为了减少人类活动对鸟类的干扰，工作人员运用大数据、物联网、遥感、雷达等信息技术手段，借助"天空地海一体化"监测网络，打造全方位监管体系，随时关注诸如花脸鸭这些湿地精灵的动态。

这群鸟儿数量巨大，昼伏夜出，科研人员在黄河岸边搜寻它们的踪迹。选自纪录片《大河之洲》

功夫不负有心人，经过一个多月的努力，科研人员终于找到了它们的踪迹。选自纪录片《大河之洲》

花脸鸭是东亚特有的一种鸟类，脸上的花纹像极了京剧脸谱。选自纪录片《大河之洲》

随着黄河三角洲自然保护区生态环境的不断改善，包括花脸鸭在内的越来越多的鸟类在这里安家落户。选自纪录片《大河之洲》

人类与飞鸟：厮守相伴天地间

　　良禽择佳木而栖。候鸟就像生态系统移动的"晴雨表"，与山水林田湖草共同构成了生命共同体，与人类更是相依相伴，和谐共生。在黄河三角洲，有越来越多的珍稀飞禽翱翔于此的画面，亦有越来越多的"人来鸟不惊"的温馨场景。鸟儿的每一次停驻，人类的每一次注视，都是双向奔赴的美好。

白天鹅：唯愿此生永相依

　　黄河三角洲有一位鸟类驯养师经验丰富，他曾经挽救过一只叫小雪的白天鹅的生命。受伤后的小雪，再也无法飞翔，也无法离开人类独自生活。一次，驯养师休了几天假，小雪因为见不到他，竟然连续几天不吃任何东西。当他回到它身边时，小雪立马就趴到他身上，眼角还流下眼泪。

　　一只原本应该在澳大利亚生活的黑天鹅，不知为何来到中国，被生态警察带到了救助站。小雪只想黏着它的驯养师，并不想搭理远道而来的家伙。后来，黑天鹅回归了大自然，小雪又结识了一个新朋友，驯养师希望它们能成为伴侣，希望小雪能当一回母亲，拥有自己的孩子和家庭。从天空自由飞翔的精灵，到依赖人类而生活，小雪是不幸的，又是幸运的。驯养师希望，经历生存的磨砺，小雪依然能拥有天地生灵完整的一生。

被救助的白天鹅小雪和驯养师有深厚的感情。选自纪录片《大河之洲》

小雪和驯养师形影不离。选自纪录片《大河之洲》

驯养师希望小雪仍保持天鹅的灵性和自由。选自纪录片《大河之洲》

驯养师希望小雪能找到自己的伴侣，有自己的孩子。选自纪录片《大河之洲》

纵纹腹小鸮：想把"我"讲给你听

一只淘气的猫头鹰去偷吃燕巢里的蛋，被燕子夫妇追出来时，一头撞到玻璃上，晕了过去，被一位周姓中学生和他爸爸救助后，从此有了个新名字：周小纵。因为这只猫头鹰有个学名，叫纵纹腹小鸮，它的名字来源于它腹部的纵纹纹路。

两三个月后，那只猫头鹰竟然住到她家对面去了。"你救了我，我就天天在那里看你"，戏剧性故事情节背后，是人与自然相处的温馨与美好。并不是所有的住户，都喜欢这个新邻居。小区里有些老人固执地认为，猫头鹰能嗅到"人之将死"的信号，是一种不吉祥的动物。在这种情况下，怎么做才能让大家更包容周小纵？于是，小周发动东营市观鸟协会的小会员们，一起将周小纵的故事画出来，讲给更多的人听。

被中学生救助的猫头鹰不仅有了自己的名字，还从此在她家的对面安家落户。选自纪录片《大河之洲》

小纵渐渐成了小朋友常拍的对象。选自纪录片《大河之洲》

画出小纵的可爱模样。选自纪录片《大河之洲》

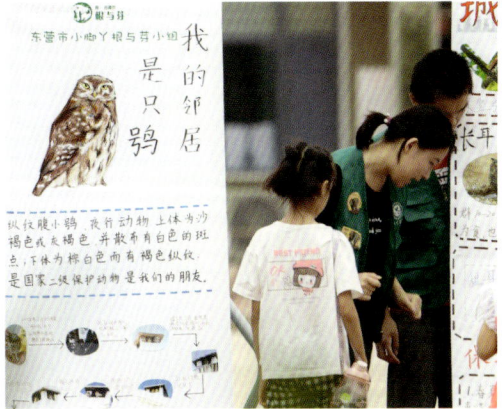

小会员们详细介绍了小纵的价值，对人类的意义。慢慢地邻居们都接纳了它，成了大家的朋友。选自纪录片《大河之洲》

白鹭：道路转角遇到爱

　　每年春夏之际，国家二级保护动物白鹭，都会来到位于东营市主城片区中心地带的白鹭园湿地里安营扎寨，栖息繁衍。2012年冬天，它们还未从南方迁徙而来时，一条市政公路正计划穿白鹭园湿地而过。如果这样，几千只鹭鸟即将无家可归。

　　东营当地观鸟协会跟有关部门反映，于是，一场"道路让白鹭"的动人故事就拉开了序幕。很快，原本的施工规划即被叫停；接着，方案修改，道路向北移了200多米。为了这200多米，附近油田设施进行了迁移，东营市政府多花了5000多万元，保护下了这片70多亩的林子，还把这里变成了更适宜鹭鸟生活的湿地公园，留住了近7000只鹭鸟。

　　就这样，一条路从西向东一路笔直，而到了白鹭园湿地则开始向北倾斜，划了一个弧绕过了白鹭园湿地。正是因为如此，越来越多的鸟喜欢上了东营。

为了让鹭鸟有个温馨安全的家，人们想方设法给它们创造良好的生存环境。选自纪录片《大河之洲》

在白鹭园湿地，人们救助了一只牛背鹭。选自纪录片《大河之洲》

每年，白琵鹭都会来黄河入海口湿地繁衍栖息。黄高潮摄

金腰燕：飞入寻常百姓家

很少有鸟儿像燕子一样，喜欢与人类居住在同一屋檐下。但因为粪便影响环境卫生，城市里能让它们筑巢的堂前屋后已越来越少。但在东营，人们对燕子着实有点宠溺，越来越多的燕子正"飞入寻常百姓家"。

燕子将筑巢地址选定在某银行的摄像监控上，导致设备不能正常使用。银行没有赶走燕子，而是从旁边安了一个新的监控设备。饭店的客人用餐时，一块燕子屎落在盘子边上。刚开始遇到这种情况，饭店会给客人换一份，后来客人们自己擦擦就了事，其实大家都很喜欢燕子。

给燕子安装粪托，是孩子们想出来的解决办法；大人们执笔，写了一封"人民来信"，寄给了东营市政府。不到两个星期，市政府的工作人员就给孩子们打来电话，认可并采纳了孩子们的建议。2019 年，保护燕巢被纳入东营市"招鸟进城"湿地城市的建设中。

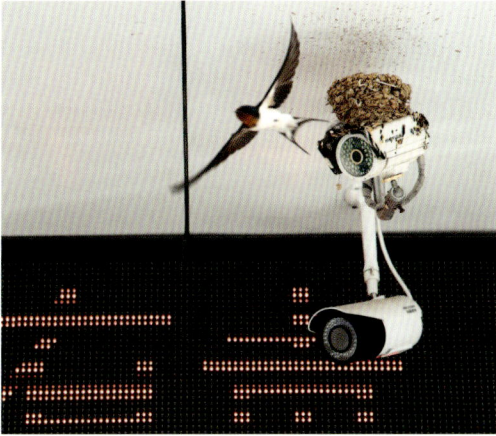

燕子将家安在了银行的摄像监控上，为了让它们安居乐业，银行又在旁边安了一个。选自纪录片《大河之洲》

饭店的人用餐时，有时燕子屎会落在饭桌上，但人们都擦擦了事。选自纪录片《大河之洲》

通过调查，孩子们想出了一个好主意——给燕子巢安装粪便托。选自纪录片《大河之洲》

保护燕巢，被纳入东营市"招鸟进城"的湿地城市建设。选自纪录片《大河之洲》

黄高潮摄

第二章

家园：陆与海欢歌

　　一条细流，从青海巴颜喀拉山脉北麓出发，开始了她漫长的旅程。从青藏高原到渤海湾，一路上，她，成长为一条宽阔的大河。大河汤汤，巨流滚滚，经过 5464 公里的蜿蜒流转，历经 4000 多米的海拔落差，最终奔流到海不复回。临走前，她为土地留下了蓝黄交汇、河海相拥的壮美，也留下了沧海桑田的传奇——河水携带的泥沙在此沉积造陆形成的三角洲，是她给陆地留下的最后一份馈赠。

蓝黄交汇：描绘沧海桑田的诗意浪漫

　　发源青藏高原、横贯九个省区的母亲河，带着大半个中国的泥土气息，经过5000多公里的冲关夺隘，在黄河三角洲汇入蔚蓝渤海。黄与蓝相拥，大海与陆地碰撞，在宽达五六公里的黄河口，陆地的淡水团与海的咸水团相遇，形成冲击力十足的"水色锋"，蓝黄泾渭分明，形成河与海交汇时的奇观。

黄河横贯九个省区，奔腾而下，到了东营与海相拥。黄高潮摄

五千年以来，黄河犹如一条不安分、不知疲倦的巨龙，在山东半岛南北两侧的渤、黄海之间来回"摆动"，不停"打滚儿"，它孜孜不倦地从黄土高原上搬运的黄土不断在此堆积，迅速营造出黄河三角洲的大片新生土地。远道而来的黄土、泥沙在黄河尾闾一寸寸地淤积，真真切切地诠释着"沧海桑田"的巨变。

　　现在意义上的黄河三角洲，指的是1855年至今形成的近现代三角洲，大致包括山东省滨州市的一部分和差不多东营市的全部。1855年，黄河在铜瓦厢决口，结束了夺淮入海的历史。从此，黄河改道，蛟龙被束，不再肆虐；从此，沧海桑田，生生不息。

　　如果用一个词来形容黄河三角洲，那就是"年轻"：对于动辄以百万年计的大地地貌来说，它不过一百多岁，就像个刚出生的婴孩。黄河三角洲是全球暖温带最年轻亦是最广阔、最完整的湿地生态系统，湿地所蕴藏的丰富食物为鸟类的生存提供了绝佳的生存庇护。每年在这里迁徙、越冬、繁殖的候鸟，种类近四百种，数量达数百万只。

　　位于黄河尾闾的大河之洲极似一张巨型扇面，黄河摆动留下的九重故道高出地面两三米，好似道道扇骨。"扇骨"与"扇骨"之间，是相对较低的微斜平地与河间洼地。不同地形上遍布着不同种类的植物，这幅巨型扇面上便有了不一样的细节与风景。

　　当黄色河水和蔚蓝大海深情相拥时，水面上经常会出现黄、绿、蓝等色彩的"交锋"。这种神奇的景色，是当海水盐分浓淡不同、河水泥沙下沉之际，阳光散射的结果。在美术实践中，三原色中的黄、蓝相加得绿色，黄河之黄和海水之蓝在大自然的巨型调色板中融合交汇，滋生孕育出全新的绿色。如此这般，水面上，黄、绿、蓝三色相聚相拥，却又泾渭分明。

在入海口，黄色和蓝色激荡，黄蓝共舞形成色彩斑斓的黄河入海口壮丽画卷。黄高潮摄

黄河从黄土高原携带而来的黄土，在入海口沉淀堆积形成大片的新生土地。黄高潮摄

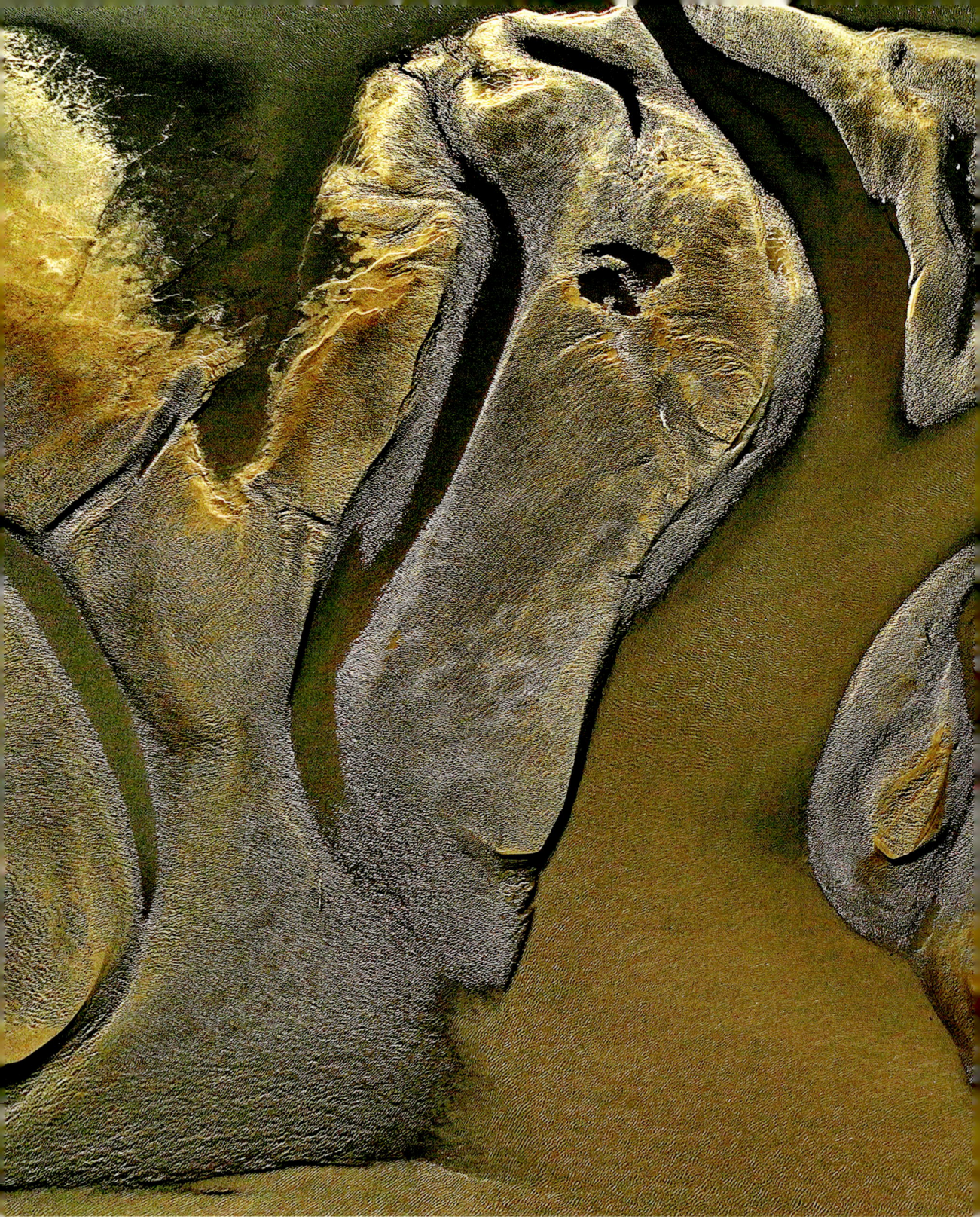

黄河口湿地的生态系统，吸引了众多鸟类来这里越冬繁殖。赵文昌摄

潮汐树：河口扇面上的壮阔与奇美

　　无人机捕获的影像，让人拥有了俯瞰大地之美的全新视角——在黄河三角洲的巨大扇形上，数不清的"潮汐树"加速生长，它们有遒劲的枝干，挺拔的枝杈。只不过它们并非拔地而起，而是似剪影般水平印刻在潮滩上。不只是一道壮阔风景，"潮汐树"还能帮海、陆完成营养物质的交换。

潮汐树是黄河入海口的自然奇观，它们形状色彩各异，犹如大地的血脉。赵文昌摄

说到"潮汐树"，首先要提到"潮间带"这个词。潮间带地貌，是指平均低潮线以上到平均高潮位线之间的部分。待潮水退去，泥质潮间带便浮现于黄河三角洲之上。在泥质潮间带上，潮汐绘制了神奇景观，它们像是河流、羽毛，更像是一棵棵神奇之树。

潮汐树的诞生，与潮汐密切相关。潮汐，是海水在天体引潮力作用下产生的周期性运动。潮间带上露出的沙泥滩质地较为松软，含沙量高，易被侵蚀。在潮汐作用下，涨潮时因流速较慢，以沉积作用为主，退潮时潮水回落，而且落差较大，以侵蚀为主，常在滩涂上形成较深的冲沟。潮水反复涨落，就会形成树的形态。潮汐树之所以形态变幻莫测，是因为潮汐方向的不确定性。

潮汐树的一条条枝干，其实就是一个个潮沟。潮汐树虽然不是树，却代表了生机勃勃的希望。它作为海陆间输水输沙的纽带，在生态保护、水产养殖、航运交通等方面均具有重要价值。

咸淡水交汇的潮间带，是海滩自然植被区所赖以滋生的丰厚温床。春天来了，随着温度逐渐升高，这里的潮间带慢慢苏醒。盐地碱蓬开始发芽，它与芦苇、柽柳等植物共同孕育了中国沿海地区最大的海滩自然植被区。在这里栖息的浮游生物和底栖动物相互依存，为南来北往的雁鸭类、鸻鹬类水鸟提供充足的食物和庇护所。

天津厚蟹，是潮间带最常见的底栖生物之一。一只天津厚蟹从冬眠中醒来，爬出洞口，大快朵颐，酣畅地补充着一个冬天流失的能量。退潮了，蜜月期的候鸟们蜂拥而至。刚刚填饱肚子的厚蟹，转眼间成了候鸟的腹中物。物竞天择，适者生存，大自然历来如此。

潮汐树不只是奇观，它们还是海陆间输送水和泥沙的桥梁。黄高潮摄

潮汐树的枝干其实是一个个潮沟。张俊臣摄

潮汐树形状变幻莫测，是潮汐潮水回落不定形成的奇观。黄高潮摄

盐地碱蓬：渲染陆海相拥的仪式感

在黄河三角洲上，盐地碱蓬是一种颇具仪式感的植物，它们肩挨着肩站立在潮间带淤泥里，如造物主织就的壮丽锦缎，又恰似顺着河海交汇路径一路铺展开的"红地毯"，为黄河入海流、蓝黄相拥的重大时刻做足了排场与阵势。

碱蓬的色彩得益于盐的作用。在盐度较高的潮间带或涝洼积水地带，碱蓬的甜菜红素含量较高，碱蓬就会呈现饱和的红色。黄高潮摄

盐地碱蓬，是一种典型的盐生植物。一般植物不能生存的盐碱地，却成了它们赖以生存的"天堂"，并给了它最迷人的色彩。它们红艳欲滴，让原本灰暗、清冷的北方海滩多了几分生动与鲜活。

　　这种红艳，归根到底源自盐的作用。但并非所有盐地碱蓬都是红色，盐度不同时，色泽自然也会不同。在盐度较强的潮间带或滨海部分涝洼积水地带，碱蓬植株的甜菜红素含量高，会呈现出饱和的紫红色；而在地势较高或者距离海边较远的内陆盐碱地，植株则富含叶绿素，呈现绿色。

　　除了会"变色"，盐地碱蓬还能"变形"。促使这种变化的根源，亦和盐度相关。当土壤含盐量在 1%－1.6% 时，盐地碱蓬叶片的形状由细长变为粗短，并伴随有强烈的肉质化。这些叶片看上去就像胖婴儿的手指，饱满鼓胀，汁液欲滴。它们耐盐能力并非没有限度。当土壤含盐量到达 1.6%－2% 时，盐地碱蓬就会颜色变得枯黄；而一旦含盐量超过 2%，盐地碱蓬就会死亡。

　　同时能够"变色""变形"的植物实属罕见。但盐地碱蓬最大的意义在于能吸收土壤中的盐分和重金属，重建盐地生态环境。在大河之洲的诸多地貌中，滩涂最适合盐地碱蓬的生长。这里的土壤每天都经潮水反复浸泡，避免了因水分蒸发而引起的土壤盐度过高，再加上地表泡水和自然降雨的淋溶作用，其土壤所含的盐分和水分刚刚好。

　　除此之外，它不仅是一道风景，还是一道"菜"，一道美味可口的"野菜"，从它的别称"碱蓬菜""海蓬菜"等许多带有"菜"名的称呼中，可见一斑。这种菜，不是一般的菜，还曾是很多人的"救命菜"。20 世纪 60 年代初，这种生命力强悍的植物以它的茎叶和籽实，拯救了无数人的性命，被称为"救命菜"。百姓用盐地碱蓬的籽、叶和茎，掺着玉米面，蒸出"红草馍馍"，几乎拯救了一代人。

当土壤含盐量适当时，碱蓬的叶片会长得粗短，宛若胖乎乎婴儿的手指。选自纪录片《大河之洲》

土壤中恰到好处的盐，使碱蓬的叶子饱满充盈，吹弹可破。赵英丽摄

何青的版权主题里的盐和蓬之属，重建盐碱地生态环境，让盐碱地一片绿水青山。

一颗种子的"穿黄"到海之旅

　　秋风渐起,生命再次被季节无形的力量推动。黄河上游的古柽柳群落再次成熟,种子随风飞舞,追随黄河开启新一轮的奇幻旅程。四十多天后,其中的一些将漂流到黄河三角洲。经过漫长漂泊的种子终于落地生根,再经过孕育生发,形成了融合河、海风情的生动景观。

柽柳随风来到黄河三角洲，它的抗盐碱、耐干旱基因，使它在这里落地生根，成为这里的重要植被之一。黄高潮摄

柽柳不同于传统柳树，没有主枝干，柳条交叉生长，向四周扩散，看起来像一个个蘑菇，又被称作"蘑菇柳"。从黄河上游远道而来的种子，拥有着抗盐碱、耐旱涝的优良基因。倚赖十分强大的泌盐能力和发达的根系，柽柳适宜生存于沼泽湿地，还能在离海水几米处和含盐量1%以上的重度盐碱地上正常生长，甚至可以在零下35摄氏度地区安全越冬，它顽强的生命力成为黄河三角洲最具代表性的天然植被之一。

柽柳正成为黄河三角洲上卓越的"先锋树种"。调查结果表明，黄河三角洲地区含盐量1.5%以上的区域，柽柳非常有优势；含盐量1.5%以下的区域，植物物种与群落类型相对丰富，柽柳以优势植物或伴生植物出现。

在盐碱地生态维护及绿化方面，虽然柽柳发挥了巨大作用，但却难以成材，经济价值并不大。就此，科学家们想了一个好办法——利用柽柳生产中药材。他们让柽柳作寄主，在其单侧接种"管花肉苁蓉"，亩产鲜品可达500千克以上。管花肉苁蓉是一味名贵中药材，原产新疆、内蒙古等地，素有"沙漠人参"之称。通过诸如此类科学高效的生态种植模式，古柽柳宛若新生，黄河三角洲正创建起盐碱地的高效和可持续利用模式。

柽柳耐严寒，生命力顽强，是黄河三角洲重要的植被。选自纪录片《大河之洲》

黄河三角洲的柽柳花开。杨斌摄

黄高潮摄

第三章

传奇：盐与碱相逢

盐碱，大地的顽疾、作物的"杀手"。其实，这个"杀手"不太冷，是能产出口感上佳的农产品的潜在良田。因为当面临高盐的逆境，植物本身会被激发出一种抗逆反应，从而生成更多的风味物质。大河之洲的人们，转变育种观念，由治理盐碱地作物，向选育耐盐碱植物转变。

河与海交融激荡，盐与水此消彼长。大河之洲，土地与种子的故事"相爱相杀"。茫茫黄河口，一粒粒、一种种耐盐碱作物正破土而出。

开凌破冰，一只鱼儿牵出的春天

　　立春至惊蛰这段时间，春风送暖，冰凌开化，蛰伏一冬的梭鱼，开始出动了。冬天，梭鱼潜游海底，开春，感受到冰凌开化，它们纷纷游到黄河口的浅海觅食，它们是黄河口渔民春节前后主要的收入来源。经过冬天的漫长沉淀与蓄积，其味道、肉质、营养都达到上佳，成为黄河三角洲不可多得的时令纯鲜美味，被称为"开凌梭"。开凌梭，还被当地人寄予了文化上的美好寓意，象征着开凌破冰，风调雨顺。

黄河口渔民开春捕捞开凌梭鱼。赵文昌摄

在黄河三角洲，受黄沙冲击形成的平坦海底，成了多种鱼虾的产卵场、索饵场。为了不错过捕捞季，渔民们要长时间漂在海上，有时几个月才能回家一趟。农历正月二十二这天，一位渔民带着两个儿子，开着两条船出海了。

这一次，他们的目标是捕捞黄河三角洲上的时鲜——"开凌梭"。这是春暖冰开后被捕获的第一批梭鱼。冬季，梭鱼在海冰下不吃不喝长达两三个月，肚子里的食物早已被消化得一干二净。春天破冰被打捞上来时，连内脏都可以吃。

踩着节气时令而来的美味，是大自然的恩赐。早在两千多年前，孔子曾说"不时，不食"意思是：不是这个时节的食物不吃。符合节气的食物，方得天地之精气。当地人对开凌梭这种时鲜美味给予了无限热爱，"丢了车和牛，不扔梭鱼头"，从这句民谚中就可见一斑。

在海上漂泊的这段时间，有几天正赶上倒春寒，海面上的风无遮无拦地拍打着渔船，渔民们被海风吹得耳鼻通红。每次起网，捕捞量只有五六十斤，这让他们有些沮丧。好在没过几天，冰凌开动，捕捞量逐渐大了起来，新一年的收获开始了。

清晨，初升的太阳温暖地包裹着渔船。父子三人围坐在一起，享受今年的第一网开凌梭。炉子上的纯鲜美味热气腾腾，扑向每个人的脸庞。冰凌消融，离春暖花开的日子也不远了。

立春和惊蛰期间，蛰伏了一冬的梭鱼活跃起来，梭鱼肉嫩味鲜，捕捞梭鱼
成为渔民这个时节的重要出海活动。选自纪录片《大河之洲》

为了赶上捕捞季节，渔民要在海上漂泊很久，往往两三个月才能回家。选自纪录片《大河之洲》

捕捞梭鱼的收获，给在风浪和春寒中捕捞的渔民带来希望和喜悦。选自纪录片《大河之洲》

膏满黄肥，绽放于唇齿间的黄河眷恋

    在大河之洲生长的大闸蟹，有着青背、白肚、黄毛、金爪的"高颜值"，亦有着鲜香、微甜的独特口感和膏满黄肥的"内在美"。这些，都是碱质湿地土壤的独特馈赠，成为绽放于唇齿之间的黄河眷恋。

黄河入海口的上果下渔基地，这里稻田里养螃蟹、鱼虾，实现各种生物的
和合共生。黄高潮摄

天未明，喜欢昼伏夜出的黄河口大闸蟹还很活跃，蟹农们开始了捕捞。大海中出生，黄河水中长大，吃水草吞鱼虾，得天独厚的原生态环境，3‰左右的淡盐度黄河水，以及水中的磷、锌等微量元素和脂肪酸、游离氨基酸，让黄河口大闸蟹卓尔不群，集万千宠爱于一身。继2008年获中国农产品地理标志认证后，近年来，黄河口大闸蟹又入选"山东省十大渔业品牌"、首批"好品山东"品牌名单，品牌价值持续攀升，成为中国最具影响力水产品区域公用品牌之一。

　　盐碱，一度被称为土地的"绝症"，是黄河三角洲农副业发展的重要制约因素。但在当今时代、在农副业发展新概念中，盐碱地是沉睡中的宝藏，有极大潜力可挖。研究发现，土壤中的盐，会对依赖它而生存的作物产生"盐胁迫"效应。作物本身须具备足够顽强的生命力，才能扎根生存。为了与"盐胁迫"对抗，它们的植株和果实中蛋白质的种类和数量，以及植物细胞内的可溶性糖、氨基酸、脯氨酸和甜菜碱等营养物质含量，也明显高于其他。

　　农作物如此，黄河三角洲上的其他生命亦是如此，唯有具备足够耐盐碱的品质，才能在物竞天择中胜出。黄河大闸蟹就是精挑细选、选育出的滩涂地"耐碱基因"的新谱系。在此之前，蟹苗很大一部分源自南方，适应性弱，产量不稳定，遭遇"南繁北育"的发展困境。为了解决大规模本土化育苗问题，近年来东营市先后与山东省淡水渔业研究所、上海海洋大学等科研机构院校合作，尝试利用生态育苗手段破解蟹苗的生产性难题。

　　经过几年不间断的试验摸索，黄河口大闸蟹育苗陆续突破了水质、环境控制、全流程管理等多项技术难点，产量、育苗成活率等关键数据较往年均有大幅提升，并正以"品牌效应"释放产业的新活力。

黄河口镇的稻田丰收在望。十几年前这里还是大片荒碱地。黄高潮摄

盐碱湿地赋予黄河口大闸蟹微量元素和脂肪酸。赵英丽摄

40年，咸菜缸里栽出树

　　黄河三角洲距海近，地下水位高，土壤像泡在盐水里。这里一度成为绿化"禁区"，年年种树难成林，岁岁植绿不成荫。人们逆势求变，不断探寻生态造林绿化新模式，在盐碱荒滩这个大"咸菜缸"里栽出树，实现了从"一棵树"到"满城绿"的跨越……

游客在万亩槐林里骑行。周广学摄

黄河三角洲属退海之地，大部分地区成陆仅一百多年，土壤盐渍化程度很高，简直就是一个大大的"咸菜缸"，有的地方土壤含盐量甚至高达17‰以上。"鸟无枝头栖，人无树乘凉。"几十年前的黄河三角洲，几乎没有绿色，到处是黄土地，而且多以沙土为主。风沙之大，严重影响了人们的生产、生活，还发生过小孩大白天出去小便找不到家的事情。

　　为改善生态，人们积极探索生态造林绿化新模式，不断提高盐碱地生态修复改良技术，同时还引进、选育了耐盐碱苗木新品种。六十年前，孤岛镇遍地荒芜、黄沙漫飞，人们舍弃了过去育苗移栽的绿化方法，尝试用直播造林法种植刺槐树。六十多年过去了，就连孤岛这个昔日风沙漫天、荒草丛生的不毛之地，也已孕育出了亚洲最大的人工刺槐林（混交林）。十万亩刺槐郁郁葱葱，长满了这片曾经的荒原。

　　盐碱地上艰难长成的树林之下，正在孕育新的希望。胜利林场一千多亩的林荫下，是珍珠鸡、赤松茸以及各种中草药的世界。五六年前，这里还是一片盐碱地，只能种苇子。

　　村民们在林场种植越冬赤松茸。松软泥土之上，稻壳发酵做的基质均匀铺满田垄。村民们放入赤松茸菌种，只待来年春天它们从土壤中苏醒。离家不远的胜利林场，让一直"面朝黄土背朝天"的村民摇身一变，过上了"上班族"的生活。

槐花飘香的季节，槐林里的养蜂人一片忙碌。黄高潮摄

除了给村民带来了全新的生活方式，林场方面还尝试与他们建立一种新型合作关系，企业自身只负责菌种研发和市场销售，把赤松茸的种植则承包给村民。第一年，村民跟着企业种，企业带着村民走；第二年，村民种企业在旁边看着；第三年，村民完全独立去种植，和企业签协议将种植的赤松茸都销售给企业。

冬去春生，孕育半年之久的赤松茸终于破土而出。人们开心地收获着冬日播下的希望与成果，享受着生态资源带来的真金白银。在当地，品级好的赤松茸能卖到七八十块钱一斤。而林下生长的小欢猪，能卖到一百多块钱一斤。如此这般，在大河之洲，生态资源正在不断"变现"。

用了四十年时间，东营这座盐碱滩上的石油城，实现了由"一棵树"到"满城绿"的跨越，如今成为国家生态园林城市、全球首批国际湿地城市。2021年，东营还获批全国首批、黄河流域首个自然资源领域生态产品价值实现机制试点城市。

人们在胜利林场种植越冬赤松茸。
选自纪录片《大河之洲》

胜利林场里的珍珠鸡自由自在。
选自纪录片《大河之洲》

冬去春来，赤松茸钻出了地面。选自纪录片《大河之洲》

播下希望的种子。选自纪录片《大河之洲》

采赤松茸，好的赤松茸能卖到七八十块钱一斤。选自纪录片《大河之洲》

寂寞角落里，野大豆也有春天

　　大海造就了一个特殊的"试验场"。风暴潮一到，这里几乎寸草不生，到处都是白花花的盐。侥幸生存下来的，都是耐盐碱的佼佼者。在黄河三角洲农业高新技术产业示范区，盐碱地改良和改种适地，是科学家们重要的研究方向。一棵标号为"503"的野生大豆新成员正在爬蔓，它带着育种团队的希望开花、结荚。

黄河三角洲的野生大豆资源丰富，它们耐盐耐旱，抗病性强，可以让盐碱地成为丰产田。选自纪录片《大河之洲》

遍寻优质种质资源

　　大豆起源于中国，如今却大量依赖进口。2021 年，我国进口大豆占全国总需求的 85.5%。国家的粮食安全，正面临严重威胁。大豆在作物中耐盐性相对较好，而我国又有 15 亿亩盐碱地，其中 5 亿亩具有开发利用潜力。一旦成功利用，将大大改善大豆严重依赖进口的被动局面。

　　10 年前，东营市农科院盐生植物与生态农业研究所接到一项重要任务——大豆育种。随后，他们盯上了一种特殊植物——野大豆。野生大豆耐盐耐旱、抗病性强。黄河三角洲是野生大豆种质资源最丰富的地区之一。

　　把盐碱地变成丰产田，一直是黄河三角洲地区百姓的梦想，而实现梦想的路径，以往就是一条——改造盐碱地。但"改地适种"的弊端也很明显：成本高，每亩改造费用数千元甚至更多；维护难，有的地块甚至要压四遍水才能种植。不同于"改地适种"，"改种适地"的关键在于育种，而种质资源的收集、保护和鉴定评价是基础中的基础。研究所团队走遍了黄河三角洲的角角落落，目的正是采集优质种质资源，选育耐盐碱植物。

东营市农科院盐生植物与生态农业研究所的工作人员在野外寻找野大豆。选自纪录片《大河之洲》

偶然间发现"503"

在一次田野调查中，研究所的人员在高耐盐植物翅碱蓬丛中，发现了一株野大豆苗株，虽然植株十分低矮、叶片严重泛黄，但它奇迹般地存活了下来。这个意外发现，让大家欣喜不已。大家定位、采集、取土样，将这棵野大豆编号"503"。这是团队采集到的第524份野大豆材料。

他们小心翼翼地将"503"保护起来，但保护不是最终目的，利用才是最终的目的——取它好的特性，并通过育种手段将其整合到栽培大豆中，尽可能地发挥它的价值。

黄河三角洲农业高新技术产业示范区，是我国第二个国家级示范区。示范区内，盐碱土壤面积达43.97万亩，占总面积的80%以上；土壤盐分含量从1‰至10‰自西向东梯次分布，覆盖了轻度、中度和重度3种盐碱地类型，是滨海盐碱地的典型代表，也是探索荒碱地治理新技术的天然试验场。

在一次田野调查中，研究所的人员在翅碱蓬中发现了一株生命力很强的大豆苗，给它编号为"503"。选自纪录片《大河之洲》

芒种时节，科研人员精挑细选出来的种子，破土发芽。选自纪录片《大河之洲》

突然遭遇地块板结

农历芒种时节，大豆种植季到来。科研人员精挑细选过的种子，将再次回归大地。几天过后，大豆种子陆续破土发芽。但位于南侧的那片试验田，却始终没有动静。一场急雨，加上连日暴晒，低洼盐碱地块出现严重板结，搓都搓不动。

工作人员忧心忡忡，因为在品系稳定之前，每一粒大豆都承担着使命，假若不出苗，损失会非常大。损失一粒，就有可能损失一个系号。他们尝试用喷灌辅助出苗。所幸喷灌及时，憋闷已久的种子开始破土发芽。在另一块试验田里，那棵标号为"503"的新成员正在爬蔓，它将带着育种团队的希望开花、结荚。

急雨加上暴晒，种植野大豆的田地出现板结。所幸，喷灌及时大豆苗终于钻出地面。选自纪录片《大河之洲》

希望之花，野大豆花期晚，必须提前种植。选自纪录片《大河之洲》

检验结果让人兴奋

农历小暑，大豆花期来临。清晨五点半，一位科研人员匆匆赶到试验田，他必须赶在七点半大豆完成自花授粉之前，完成人工授粉杂交试验。因为大豆花期有个特点，早晨七点半之后，自花授粉就结束了。

因为野大豆花期来得晚，必须提前播种；而栽培大豆则要分批种植。这样的错时播种，保证总有一批栽培大豆能和野大豆的花期相遇。确保花期相遇之后，人工授粉是最关键的一步，稍有差池，一季的辛苦将付诸东流。科研人员先是剥开一层层花骨朵，分辨出雄蕊和雌蕊后，小心翼翼地把雄蕊去掉；然后夹着另一种花的雄蕊，一次次轻轻触碰雌蕊，完成授粉杂交；最后他还要细心地系上一根红丝线，以示标记。

这个收获的季节，同样也属于"503"。这天，眼看着"503"顺利开花，科研人员匆匆赶往当地农业农村局检测中心。在这里，等待多日的结果即将揭晓。土壤全盐含量 4.9‰，这个检测结果让人非常兴奋。盐碱地上，只要拿住苗就成功了一半。在黄河口，5‰左右的中度盐碱地很少种植大豆，这次突破后将有望成功开发更多的大豆田。

人工授粉让栽培大豆和野大豆完成授粉，培育成新一代大豆。选自纪录片《大河之洲》

经过人工授粉的大豆成熟了，籽实饱满。选自纪录片《大河之洲》

黄高潮摄

第四章

和合：人与洲相拥

黄河落天走东海。三角洲是母亲河入海之前馈赠给我们的最后一片酝酿着奇迹的生态绿洲。

爱之深，谋之远。1992 年，当申请建立以保护新生湿地生态系统和濒危珍稀鸟类为主的湿地类型国家级自然保护区时，很多人还从未接触过"湿地"一词。这一颇具前瞻性的做法，为三角洲留存中国暖温带最完整的湿地生态系统打下了基础。为了这片湿地上的自然万物能和合共生，人类在摸索中前行，付出了巨大努力。

拧好水龙头，让母亲河"舒筋展骨"

大河奔流，黄河在三角洲入海，造就了连片土地，养育了千万人口，为这里提供了 70% 以上的淡水资源。备受恩泽的三角洲人民，对黄河的感情可谓深沉而厚重，"母亲河"这一称谓，他们比任何人都懂。

黄河之水天上来，润泽了两岸，养育两岸百姓，更是入海口百姓赖以生存
的水资源。赵英丽摄

水是生命之源，有水则草长莺飞，缺水则飞沙走石。大河奔流，母亲河以占全国2%的水资源量，为全国12%的人口、17%的耕地和50多座大中城市供水，更是哺育了三角洲这片新生土地，这里每年70%以上的水资源需求量要依赖黄河供给。黄河水，在这片盐碱地上可谓是粮食生长、百姓生活的"命根子"。

沿黄两岸通过引黄工程这样的超级工程，从母亲河源源不断地获取着生命的补给。自20世纪50年代开始，山东省就开启了引黄工程。在黄河下游滨州境内，坐落着全国第一个五年计划重点工程——打渔张引黄灌溉工程。这是山东省开发最早、规模最大的引黄灌溉工程。

大河奔流到海这样的壮阔画卷，并不是一成不变的风景。由于黄河两岸无序引水，黄河下游曾一度遭遇干流断流。两岸密布的引水口，像一根根吸管伸向黄河。从1972年到1999年，28年间，黄河下游干流断流22年，断流最严重时，距入海口的长度达704公里。1997年前后，黄河入海前最后一个水文站——利津水文站曾有226天没有监测到流量。

大河断流，黄河下游无水可引，人们守着大河无水喝，不仅严重影响了百姓的生产生活，也让河流生态系统濒临崩溃，湿地

由于开发不当，黄河一度断流，湿地面积萎缩。为了修复黄河生态系统，采用保护区湿地生态补水的方法，为黄河"减压"。杨斌摄

为了涵养水源，在黄河三角洲种植翅碱蓬，让盐碱地充满生机。赵英丽摄

人工种植的翅碱蓬蔚然成林。赵英丽摄

面积萎缩。为了让黄河复流，黄河保护治理多管齐下，水资源管理、水资源集约节约利用、水环境修复等举措次第出台，母亲河渐渐"舒筋展骨"。

1999 年 3 月 1 日，第一份水量调度指令，从位于河南郑州的黄河水利委员会发出。这是大江大河水量统一调度的先例。3 月 11 日，黄河全线复流，利津水文站迎来了久违的黄河水。至今，黄河已连续 23 年不断流，实现了从频繁断流到河畅其流的巨变。黄河三角洲，更是见证了黄河连续 23 年的如期赴约。

母亲河以乳汁哺育三角洲这片新生土地，这里的人们也竭尽所能地守护母亲河，比如缩减水稻等高耗水作物面积。董集镇杨庙社区北范村村民们从东营分子设计育种研究中心试验田找到更耐盐碱的水稻种子的同时，还尝试种植更耐旱的瓜和金银花，以便提高收入。

"一条大河波浪宽，风吹稻花香两岸，我家就在岸上住……"如此这般，黄河三角洲正奏响新时代黄河保护和高质量发展的澎湃乐章。

创建国家公园，三角洲开始新书写

2021 年，东营启动创建全国首个陆海统筹型国家公园——黄河口国家公园。这种巨变，不仅能最大程度地保护黄河三角洲地区的生物多样性，也给三角洲带来了诸如"渔村变城市""渔民转市民"等新的发展课题和历史机遇。

黄河口国家地质公园进行生态修复，促进黄河流域生态系统健康发展。杨斌摄

2021 年，国家公园管理局批复同意开展黄河口国家公园创建工作。黄河口国家公园的创建，最凸显的价值是在于它可构筑生态安全屏障，有助于促进黄河流域生态系统健康发展。

在创建过程中，黄河口国家公园面临的最大考验就是范围的划定。它既要覆盖东方白鹳、丹顶鹤、白鹤等物种的越冬地、繁殖地和迁徙停歇地，以及黄渤海区域水生生物的重要产卵场、索饵场、越冬场和洄游通道，又要兼顾当地的经济社会发展，满足黄河流域生态保护和高质量发展需求。

经反复"摸底"和论证，东营确定以山东黄河三角洲国家级自然保护区为基础，整合优化地质公园、森林公园、海洋特别保护区、水产种质资源保护区等 8 处自然保护地，规划范围 3517.99 平方公里。

对于正在一步步变成现实的国家公园，世代以捕鱼为生的村民，满心期待中也裹挟着一些担忧。在他们看来，国家公园建立后，他们的孙子辈可能就不用冒着乘风破浪的危险和艰辛再出海捕鱼了，而是"有机会转行搞旅游"了，"渔村变城市""渔民转市民"不再是遥不可及的梦想。忧的是，当下，他们自己可能会面临捕鱼空间缩小、近海捕鱼受限等问题。但为了长远发展和子孙后代，他们热切盼望着国家公园走进他们的生活。

黄河入海口湿地多彩画卷，赵英丽摄

随着黄河湿地生态环境的改善，越来越多的鸟类到这里越冬。杨超摄

黄河湿地休憩的鸟儿。杨超摄

中华攀雀筑的巢穴巧夺天工。选自纪录片《大河之洲》

相濡以沫。选自纪录片《大河之洲》

翩翩起舞。选自纪录片《大河之洲》

把科研的脚步扎进大河之洲

　　对科研人员而言，黄河三角洲具有极其重要的科研价值和保护价值。越来越多的研究人员奔赴这里，年复一年地观察和记录着这片土地的变化。他们，把科研的脚步扎进这片大河之洲，把论文写在盐碱地上。

来自烟台海岸带研究所的师生在潮沟中寻找生物。选自纪录片《大河之洲》

沿着长长潮沟常常看

　　黄河三角洲，是黄渤海区域海洋生物的重要种质资源库和生命起源地，也是环西太平洋和东亚—澳大利亚鸟类迁徙路线上的"中转站"，其新生湿地生态系统、独特的自然特征和典型的生物多样性。这片神奇的土地，正吸引着越来越多的科研人员到来。

　　一群来自中国科学院烟台海岸带研究所的师生，正在调查黄河三角洲潮沟中的生物。这里与大海相连，他们必须在涨潮之前完成工作。为了获取更准确的数据，他们要沿着长长的潮沟，到不同的地点收集样品。

　　调查团队中最年长的教授，也是最有经验的人，担负着最劳累的任务——收集散落在滩涂各处的实验样品。之所以担负起这项工作，是因为他对黄河三角洲这个特殊湿地的危险性有足够的充分的了解。如果找一个学生来干，他不知道潮时、潮沟的分布，很容易出问题。

为了获得准确的数据，他们要到不同地点收集样本。选自纪录片《大河之洲》

和螃蟹相关的两个实验

　　一位来自辽宁大学生命科学院的研究生，在东营当地买了一辆二手摩托车，她已经在黄河三角洲国家级自然保护区度过了春季学期。为了研究螃蟹种类的变化对丹顶鹤觅食的影响，她将桶埋在湿地淤泥里捕获螃蟹。由于前两天有大潮袭来，她无法进入埋桶的地方，桶里面的螃蟹都臭了。

　　一位来自华中师范大学城市与环境科学学院的老师，也在做着和螃蟹相关的实验。她发现，没有螃蟹的地方碱蓬长得挺好。对照有螃蟹的地方，碱蓬没一个活的。在她看来，越是食源少，螃蟹就越会竞争性地取食，这样会增加生态系统的不稳定性。

　　如此这般，有众多科研工作者默默地专注于这片广袤的大地。他们身上有书生气，也接地气，俯仰天地间，脚踏实地时，他们已经把论文写在了这片大河之洲。

为了便于采集工作，一位学生买了一辆二手摩托车。选自纪录片《大河之洲》

冬天冒着严寒取样。选自纪录片《大河之洲》

将互花米草"斩草除根"

　　来自中国科学院烟台海岸带研究所的一位研究人员正在水里跋涉。他要去的地方，堪称荒漠中的绿洲，几乎位于滩涂的尽头，在与海水的相接处。这片绿洲，是由来自北美大西洋沿岸的植物——互花米草构成。

　　互花米草正以每年增加 23% 的速度，向盐地碱蓬生长的光滩行进。盐地碱蓬是一种吸盐性植物，它吸的盐分都在它体内；而互花米草是一种泌盐性植物，它吸收的盐分通过它的叶片分泌出去。所以，互花米草的耐盐能力更强，如若放任不管，它能够占领所有的光滩。

　　自 2016 年，研究所就致力于研究如何清除互花米草。他们发现，互花米草生命力旺盛，它的种子能随潮水传播，幼苗能越冬不死。如何将它斩草除根？研究所与黄河三角洲国家级自然保护区科研中心合作研发了潮间带简易高效的生态围堰工程技术，构建了黄河三角洲互花米草的"刈割＋梯田式围淹"最佳治理方案。截至 2022 年 9 月，黄河三角洲国家级自然保护区已成功清理互花米草 3.8 万亩。

研究人员正在研究如何清理互花米草。选自纪录片《大河之洲》

清理互花米草。互花米草生命力强大，威胁着滩涂的生态环境。从 2016 年烟台海岸带研究所就致力于清理互花米草。周广学摄

互花米草的幼苗耐寒冬，要连根拔起，才能釜底抽薪。选自纪录片《大河之洲》

在清理过的滩涂上种上其他更有价值的植物种子。选自纪录片《大河之洲》

近年来互花米草治理卓有成效，大片大片的互花米草被彻底消灭。杨斌摄

CCUS，种一座"工业森林"

　　"吃"进二氧化碳，"吐"出石油，黄河三角洲CCUS项目的工作过程，就像一位高效的"碳捕手"在工作。该项目投产后每年可减排二氧化碳100万吨，相当于植树近900万棵、近60万辆经济型轿车停开1年。

黄河三角洲 CCUS 项目可减排二氧化碳 100 万吨。周广学摄

CCUS 高青 13 号二氧化碳注气站。朱克民摄

黄河三角洲，这个全球暖温带最年轻、最广阔、最完整的湿地生态系统，无论地下、陆上还是海洋都蕴藏着种类繁多的自然资源。胜利油田 80% 的石油地质储量和 85% 的油气产量即来源于此。

在黄河流域生态保护和高质量发展语境下，在碳达峰、碳中和双碳目标下，黄河三角洲正在迎来全新的发展契机：2022 年 8 月 29 日，国内最大的碳捕集利用与封存（CCUS）全产业链示范基地、齐鲁石化—胜利油田承担的我国首个百万吨级 CCUS 项目正式注气运行，标志着中国 CCUS 产业开始进入成熟的商业化运营。

CCUS 是一项具有大规模减排潜力的技术，是实现碳中和的重要技术组成部分，它是指把生产过程中排放的二氧化碳进行捕集提纯，再投入新的生产过程利用和封存。

在齐鲁石化—胜利油田百万吨级 CCUS 项目中，齐鲁石化负责捕集提供二氧化碳，并将其运送至胜利油田进行驱油封存。收集到的二氧化碳注入油层后，可以增加原油的流动性，把岩层缝隙中的原油"驱赶"出来，从而提高石油采收率。据统计，二氧化碳驱油效率比水驱高约 40%，采油成本比水驱降低约 20%，封存率一次能达到60% 至 70%，最终封存率可达 100%，兼具生态效益与经济效益。

2022 年 8 月，国内最大的碳捕集利用与封存（CCUS）全产业链示范基地，我国首个百万吨级 CCUS 项目正式注气运行。选自纪录片《大河之洲》

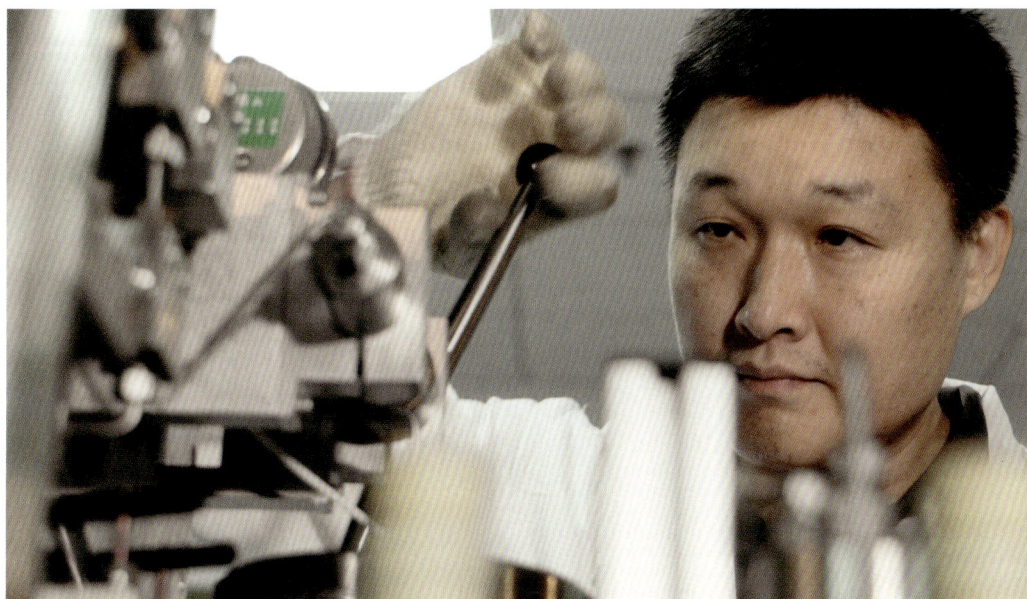

CCUS 是具有巨大潜力的减排技术，是实现碳中和的重要技术组成部分。选自纪录片《大河之洲》

渔民的"流量"新生活

　　农历正月十六一大早，黄河口的渔民们纷纷赶到红光码头，参加一年一度的祭海仪式，祈求风调雨顺，人福舟安。仪式一角，一位渔民正在网络直播。在短视频行业蒸蒸日上的当下，渔民们也正在寻找新的"致富经"。古老仪式和新兴时尚交织碰撞，这是当今渔民生活的变与不变。

黄河入海口中心渔港，渔民正在庆祝渔获丰收。黄高潮摄

"希望今年风调雨顺，希望我们每个渔民平平安安地出海，主要也是多挣钱吧，出海就是为了多挣钱……"在热闹、隆重的祭海仪式旁，一位渔民正在直播。在她的解说和镜头下，渔家生活画卷有了更为入时的传播平台。祭海仪式过后，男人们开始收拾渔船，随时准备出海；女人们则留在家里，悉心照顾老人与孩子。

　　初夏时节，黄河三角洲上芦苇荡鲜绿夺目，海洋伏季休渔期到来。男人们外出打零工贴补家用，女人们又开始忙着直播："今天是五月端午，现在我们这个时候就在家里，收拾收拾网，维修维修渔船……"在大河之洲，一些性格开朗、能说会道的渔民在网红经济大潮的带动下，开始尝试直播他们所熟知的生活，开始直播卖货。万事开头难，世世代代耕海的渔民，摇身一变成了"新晋主播"，有说不出的不自在，说错话、冷场的情景时有发生，他们也曾打过退堂鼓，但最终还是坚持了下来。

　　"我们这里不光有海鲜，还盛产水稻、大闸蟹，黄河从这里入海，候鸟在这里迁徙，美丽的东营欢迎你。"如今，直播渔民的粉丝越来越多，大河之洲造就了越来越多的直播达人。

丰收的喜悦。程永锋摄

黄河口的渔民人家。黄高潮摄

黄河入海口的渔民与时俱进，通过直播进行销售海产品。选自纪录片《大河之洲》

正月十六，黄河口的渔民赶到红光码头，参加一年一度的祭海仪式。选纪录片《大河之洲》

你唱我和，歌声绵延黄河岸

20世纪20年代，黄土高坡上有一首流传甚广的民歌《天下黄河九十九道弯》，唱出了黄河船夫的粗犷豪迈；一百年后，21世纪20年代，来自大河尾闾的新黄河之子们用浅吟低唱的方式唱《东营》，唱尽万千风物，唱出年轻土地的沧桑巨变。

东营一位酷爱音乐的人组建了一支乐队。选自纪录片《大河之洲》

在爸爸的影响下，女儿也组建了一支乐队，每周都排练，爸爸成为他们的辅导老师。选自纪录片《大河之洲》

"你晓得／天下黄河有几十几道弯／几十几道弯上／有几十几只船……"20世纪20年代，一曲响遏行云的民歌，唱出了黄河船夫的粗犷豪迈。

　　歌曲的演唱者是叫李思命，当年是黄河上的一名船夫，常年奔波于内蒙古的包头和陕西榆林的荷叶坪村之间。跑了几十年船，黄河上哪儿有个弯，他都记忆深刻。借助粗犷豪放的船工号子练就的一副好嗓子，李思命唱出了这首经典之作。

　　母亲河的两岸，人们同饮一河水。《天下黄河九十九道弯》诞生一百年后，黄河水依旧滚滚东流，歌谣依旧飘荡于黄河岸畔，只是换了曲调，换了故事。

　　黄河入海口，一位酷爱音乐的东营人，组建了一支乐队。他的女儿受他影响，也和几个小伙伴组建了一支乐队，并担任贝斯手。女儿的乐队每周都会排练，爸爸是她们的义务指导老师。

　　孩子们很喜欢跟他一起唱那首《东营》："哪里的滩上长红草／哪里的鱼儿像把刀／哪里的龙肉从天上来／哪里的蟹子满黄膏……"孩子们用娓娓道来的方式唱响《东营》，唱尽大河之洲的万千风物，也唱出这片年轻土地的沧海变桑田。

黄河入海口，父女俩唱着《东营》，在落日余晖中走向回家的路。选自纪录片《大河之洲》

后　记

　　反复遴选，几经增删，这本《大河之洲》终于付梓发行，与读者见面了。

　　本书作为纪录片《大河之洲》的图书版，尽管在表现内容和表现形式方面与纪录片各树一帜，但两者的创作宗旨却是一脉相承的。纪录片使用的是声音和画面语言，图书则运用文字和静态图片，两种截然不同的艺术形态珠联璧合，相得益彰，共同聚焦黄河三角洲探索人与自然和谐共生的生动进程。我们期待这场与大河之洲的深度对话，衷心希望，以《大河之洲》图书的出版为契机，通过两种媒介形态的联动，实现黄河三角洲这一题材更为广泛地覆盖和普及，让更多的人更好地认识和了解这片土地，唤醒人们内心深处对大自然的呵护与热爱。

　　这本书凝聚了黄河三角洲最新的生态文明建设成果，也得到了各级领导专家的关怀和社会各界的支持。特别指出的是，纪录片的拍摄和本书的编写工作均得到中共山东省委宣传部的精心指导，省委常委、宣传部部长白玉刚同志亲自担任编委会主任，省委宣传部分管日常工作的副部长、省文明办主任、省新闻办主任袭艳春同志对本书的立项发行、风格设计等方面提出了许多宝贵意见。著名历史学家、复旦大学文科资深教授葛剑雄先生亲自对内容进行指导把关。山东广播电视台党委书记、台长吕芃同志，山东广播电视台党委副书记、总编辑周盛阔同志对本书创作提出了诸多建设性意见。我们还要感谢纪录片《大河之洲》的出品方之一——中共东营市委宣传部，在纪录片拍摄期间，正是东营的全力支持和积极协助，才让我们高质量的创作变为现实。纪录片《大河之洲》的学术顾问之一、山东师范大学生命科学学院副教授刘腾腾老师对纪录片创作以及本书编写提供专业的指导，保证了两部作品的准确、权威和全面。借此机会，也向对纪录片《大河之洲》拍摄创作其间提供关心、帮助的各位领导、专家和摄影师表示衷心的感谢！

在本书编写过程中，无论作者还是编者，都付出了艰辛的努力。本书得到了山东画报出版社的大力支持，总编辑赵发国先生、《老照片》编辑部主任赵祥斌先生及责任编辑陈先云女士，都倾注了大量心力，为了让读者获得更好的沉浸式体验，加班工作、反复编排。文字统筹公晓慧女士，更是亲力亲为，几易其稿，对他们的职业精神和辛劳付出表示敬意！

最后，特别鸣谢为本书提供影像作品的摄影师！正是他们披星戴月、不畏寒暑的心血创作，为本书提供了第一手的画面资料。他们的摄影作品与纪录片《大河之洲》的精美视频，交相辉映，共同绘就了一幅美丽、流淌、行进着的黄河口新时代画卷。《大河之洲》不只是一本书、一部纪录片，它更是人与自然和谐共生的生动写照。人类只有一个地球，我们共处一个世界，探索人与自然和谐共生的发展道路才是长久之计。这片土地上的故事，值得向世界上的每一个人讲述。

大河奔涌，静水流深，大河之洲的故事不止于此，我们的记录仍在继续……

《大河之洲》编委会

2024 年 5 月